DeepSeek
短视频脚本创作魔法书

刘丙润 / 著

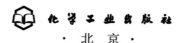

化学工业出版社

·北京·

图书在版编目（CIP）数据

DeepSeek短视频脚本创作魔法书 / 刘丙润著.
北京 : 化学工业出版社，2025. 3（2025.4重印）. -- ISBN 978-7-122
-47628-9

Ⅰ. TN948. 4-39

中国国家版本馆CIP数据核字第2025S1C891号

责任编辑：葛亚丽　　　　　　　　装帧设计：王　婧
责任校对：王鹏飞

出版发行：化学工业出版社
　　　　　（北京市东城区青年湖南街13号　邮政编码100011）
印　　装：三河市双峰印刷装订有限公司
710mm×1000mm　1/16　印张5　字数80千字
2025年4月北京第1版第2次印刷

购书咨询：010-64518888　　　　　售后服务：010-64518899
网　　址：http://www.cip.com.cn
凡购买本书，如有缺损质量问题，本社销售中心负责调换。

定　　价：19.80元

前　言

打开公众号，搜索"刘丙润"三个字，你便能轻松找到我。只需几分钟，你就能在我的主页领略文案脚本的独特魅力。若你愿意留言或私信，我们将在这个纷繁复杂的世界里，如同寻得宝藏般，开启一段美妙的缘分。

我从2018年开始从事短视频文案脚本创作，至今已经有7年时间了。从最开始单独设计文案脚本，到中期直接上镜，运用文案脚本制作视频内容，再到后期脱离脚本，可以在镜头面前即兴创作，这中间花费了整整4年时间。

从2022年开始，我所有的短视频创作已经不再需要脚本，没有脚本能让我在面对镜头时更自然！但同时，这需要更强大的逻辑能力和思辨能力，需要更敏锐地了解到读者为什么会观看我们的短视频？这里运用到的远不止黄金15秒法则，更多的是一些专业话术或通用模板的精巧设计及改编。

而今天，我将结合7年的脚本设计经验、4年的视频录制经验，以及3年的脱稿录制短视频经验，来帮助有意向在短视频平台挖一桶金的读者朋友们，设计出拥有自己独特风格的短视频脚本。

和很多小伙伴想象的不一样，短视频脚本设计并不是走量模式而是走IP模式。所谓的IP，是指我们的短视频，要具备自己的语言风格，运用独特的语言艺术，将散乱的文字制作成有逻辑的短视频脚本。要达到这样的效果：观众看完一小段视频后，还会接着看下一小段视频，甚至把所有的短视频看完。看完后，如果能有点赞、转发、评论、收藏的动作，甚至能关注我们的自媒体账号，则是更好的。

也正因如此，我才会在本书的第1章做脚本的风格测试，要让脚本设计的模板和我们自己的风格更匹配。在第2章，详细讲解了脚本的拍摄提纲，有了好的拍摄提纲，才能保证我们在脚本创作时不会离题千里，更不会让观众不明所以。

之后给大家详细讲解了不同种类的脚本速成设计，此外，还会给大家做一个简易的视频录制教程，有意向真人出镜的朋友们，可以通过简易版的教程来实际操作试试，以便达到更符合观众需求的镜头美感。最后，将给大家额外附赠一份短视频变现平台以及变现模式一览表。

同时，本书不只给大家讲解脚本公式及使用方式，还会给大家详细讲解如何借助 DeepSeek 等人工智能，来实现脚本的量产。在人工智能发展的大趋势下，巧妙借势，能让我们走得更远、飞得更高。

如果在新的一年里，你也希望通过短视频的方式来实现兼职副业，不妨把这本书看完，同时也可以分享给你的好朋友、好搭子。最后，衷心地祝愿每位小伙伴，都能在短视频赛道上取得令人瞩目的成就！

诸君，我们顶峰相见！

刘丙润

2025.2

目　录

第 1 章

12 种风格测试：确定独属于你的脚本风格

风格一：搞笑风格

表 1-1　搞笑风格脚本解析

风格释义	借助毫无逻辑的转折以及异常夸张的表演，来实现爆笑的节目效果，一般用于段子演绎或生活糗事，将某些莫名其妙的经历以爆笑的方式展示出来，效果最佳
脚本关键词示范	把开水煮热放冰箱备用；为什么说我懒？我明明什么都没有做，等等
风格优势	创作成本低；不需要搭建人设；无需昂贵道具；完播互动率高
限制条件	任意截取 3～15 秒都有一个独立笑点；对创作者的语言艺术水平要求较高

风格二：强势领导者风格

表 1-2　强势领导者风格脚本解析

风格释义	脚本创作时要融入商业元素或商业场景，并要配以角色对话时可能出现的诸多特定场合，包括但不限于办公室、会议室等
脚本关键词示范	给你两个选择；在这份并购方案里，xxx 是唯一评估指标；三句话，让你在职场中翻身做主人

风格优势	命令性语句很容易搭建人设；给读者更直观的感官刺激
限制条件	对人物身份、人生阅历等限制度较高，新人小白不要轻易尝试创作

风格三：车轱辘风格

表 1-3　车轱辘风格脚本解析

风格释义	通过无限套娃的方式进行车轱辘话术展示，信息密度约等于 0
脚本关键词示范	我知道你的出发点是好的，但是先别出发；关于明天的事，后天就知道了；看似很危险，实则一点儿也不安全；这个西红柿别有一股番茄味；我知道你很急，但是你先别急
风格优势	读者的理解成本几乎为 0；该类脚本制作的短视频传播度极广，且具备趣味性
限制条件	要求创作者能切入热点事件；对镜头表达能力的需求也比较高

风格四：古风戏腔风格

表 1-4　古风戏腔风格脚本解析

风格释义	侧重于文化传承，需考虑文化厚度、年轻人的接受程度，以合辙押韵 + 融合现代梗的方式，创作出具备古风韵味的话术
脚本关键词示范	太白兄且慢饮酒；绣春刀只斩奸佞；不过江南三进院

续表

风格优势	古风与现代元素的融合，极大地满足观众对艺术的追求
限制条件	必须尊重传统文化，且需要创作者具有一定的艺术细胞

风格五：意气风发风格

表 1-5 意气风发风格脚本解析

风格释义	通过设计明显的冲突、紧凑的情节、角色的内心波动，创作短、平、快，且具备戏剧性和娱乐性的故事演绎
脚本关键词示范	我就是我，不一样的烟火；我命由我不由天；三分天注定，七分靠打拼
风格优势	台词以及对应的动作设计容易形成具备 IP 属性的记忆点
限制条件	年轻人运用此脚本居多，且多用于个人情感、故事叙述的短视频选题

风格六：深夜 emo 风格

表 1-6 深夜 emo 风格脚本解析

风格释义	脚本往往与失落、忧郁、孤独、深夜寂寞等氛围紧密关联，独特情感经历或忧郁氛围更容易打动"同是天涯沦落人"的心
脚本关键词示范	时间总让人成长，但从不指明方向；我不怕淋雨，但怕突然有人给我撑伞
风格优势	情感共鸣是深夜 emo 风格最大且具备唯一属性的优势，能让读者产生共鸣和代入感
限制条件	文艺青年，历经挫折、具备阅历者优先创作

风格七：直率激烈风格

表1-7　直率激烈风格脚本解析

风格释义	直率粗犷的语言风格，借助俚语、俗语、歇后语，使场景对话更具备冲击力
脚本关键词示范	我有一些问题，不吐不快；就在昨天，我突然了解到……
风格优势	一定要具备情绪输出能力，且具备正向的价值导向
限制条件	需要创作者镜头表达能力强、思辨能力强、气场强，三强缺一不可

风格八：家乡话专属风格

表1-8　家乡话专属风格脚本解析

风格释义	熟练掌握方言中一些特定词汇的语言表达艺术，勾起读者对家的怀念
脚本关键词示范	噫，你这是弄啥嘞；那叫一个地道；哏儿
风格优势	在诸多脚本中，家乡话的独特配音能用于差异化竞争，使得脚本更有特色
限制条件	一般以天津话、唐山话、河南话、重庆话、广西话等具备特色口音的地方方言为主要创作方向

风格九：含蓄炫耀风格

表 1-9 含蓄炫耀风格脚本解析

风格释义	通过对比、讽刺、反讽等手法，叠加夸张的情节设计，迅速吸引观众注意，引发槽点来增加剧情的互动性
脚本关键词示范	好羡慕那些容易长肉的，不像我吃那么多都不吸收；什么是充电器？手机没电了，难道不是直接换一个吗
风格优势	特定的剧情设计加上自己引以为傲的资本，很容易形成强 IP，抓住观众眼球
限制条件	在脚本设计时要遵循适度原则

风格十：戏剧性夸张风格

表 1-10 戏剧性夸张风格脚本解析

风格释义	打破常规，通过极具特色的意外惊喜反转，设计精巧台词，并保证人设具备夸张的演绎风格
脚本关键词示范	你愿意和我白头到老？不行，我只想黑发飘飘；真的感谢曾经超越我的人，让我学会了超越别人
风格优势	创意无限，可以随时随地设计出打破常规的叙事脚本
限制条件	需要创作者有个性，且能在镜头前自然地展示面部表情、动作和语言

风格十一：人间清醒风格

表 1-11　人间清醒风格脚本解析

风格释义	通过强调自我认知以及相对理性客观的思考，来挖掘深层次的情感、人生哲理
脚本关键词示范	你可以善良，但你的善良一定要有锋芒；学会拒绝是成年人社交的第一课；人生没有彩排，每一天都是现场直播
风格优势	通过极致的理性思考，挖掘出更深层次的情感故事，相较于其他脚本创作来说，人间清醒风格往往更具备价值属性
限制条件	创作者一般为拥有阅历，内心强大，且具备独立思考能力的女性或中老年群体

风格十二：幽默反讽风格

表 1-12　幽默反讽风格脚本解析

风格释义	通过夸张、对比的方式，迅速洞察问题本质，一针见血地揭露事件的真相
脚本关键词示范	改天是哪天？下次是哪次？以后是多久
风格优势	通过对人、对事的吐槽，精准定位到问题的关键所在，并提供独到的解决方案，自带吸粉属性
限制条件	需要创作者同时具备幽默感、思辨能力、敢于直言的属性，三大属性缺一不可

第 2 章

拍摄提纲：四类通用模板，抓住脚本的灵魂

2.1 拟定拍摄提纲的目的

拍摄提纲 = 施工图纸 = 拍摄（脚本）要点

拟定拍摄提纲有三种目的，分别是掌控节奏、节省时间、明确方向。一个完整的提纲，需要具备以下内容：

表 2-1 拍摄提纲要素及释义

提纲要素	释义（示例）
主题	一句话概括核心内容（30 天暴瘦 10 斤）
目标受众	用户画像（因体重而烦恼的成年人）
视频预计时长	总时长及分段时长（总长 3～5 分钟）
是否分镜头录制	是（减肥前、减肥中、减肥后的镜头录制）
拍摄地点规划	具体拍摄地点（餐厅）
台词脚本	相关文案（详见 4～6 章）
道具设备	拍摄工具（补光灯、反光板）
音效	背景音乐（励志钢琴曲）
转场	转场设计（剪映转场一键使用）
素材	相关视频切片，用于缓解视觉疲惫（减肥励志电影）
其他	其他额外补充

本书会讲到四类短视频脚本，分别是口播类、分镜头类、商业种草类、知识科普类（在具体脚本速成设计时，与口播类有极大的重叠处，我们只做拍摄提纲，不做速成设计，速成设计可以参考口播类脚本）。接下来给大家详细拆解四类短视频脚本的提纲模板，帮助大家更好地创作短视频脚本！

2.2　口播类拍摄提纲模板

口播类脚本以《如何妥善处理父母与子女的关系》为例。为便于大家理解，我将提纲要素与释义填写完整，具体案例一栏由大家手动填写。

表 2-2　口播类模板提纲要素及释义

提纲要素	释义	具体案例
主题	一句话概括核心内容	
目标受众	用户画像	
视频预计时长	总时长及分段时长	场景一：时长＿＿＿＿＿ 场景二：时长＿＿＿＿＿ 场景三：时长＿＿＿＿＿
核心要素	问题的最终解决方向或价值导向	
痛点	抛出若干个难题或困境，且具备足够大的覆盖面	难题一：＿＿＿＿＿＿ 难题二：＿＿＿＿＿＿ 难题三：＿＿＿＿＿＿
预留悬念	提出几个貌似可行的解决方案，并引导读者在评论区互动	解决方案一：＿＿＿＿＿ 解决方案二：＿＿＿＿＿ 解决方案三：＿＿＿＿＿

续表

提纲要素	释义	具体案例
解决方案	提出切实的且具备唯一属性的解决方案	
引导互动	采用引导互动的话术，包括但不限于"大家对这件事情的任何看法，都可以在评论区发表意见"	互动话术一：＿＿＿＿＿＿ 互动话术二：＿＿＿＿＿＿ 互动话术三：＿＿＿＿＿＿
拍摄场景	具体的拍摄地点	
拍摄设备	拍摄所需要的设备	设备一：＿＿＿＿＿＿ 设备二：＿＿＿＿＿＿ 设备三：＿＿＿＿＿＿ 设备四：＿＿＿＿＿＿ 设备五：＿＿＿＿＿＿ 设备六：＿＿＿＿＿＿
拍摄穿搭	口播拍摄时真人出镜的服饰穿搭	上半身：＿＿＿＿＿＿ 下半身：＿＿＿＿＿＿ 发型：＿＿＿＿＿＿
微表情管理	在镜头前讲对应台词时，应有的表情管理（增强镜头感）	台词一表情管理：＿＿＿＿＿＿ 台词二表情管理：＿＿＿＿＿＿ 台词三表情管理：＿＿＿＿＿＿
画面设计	在镜头前讲对应台词时，尽可能展示的画面（让观众更加信服）	画面一：＿＿＿＿＿＿ 画面二：＿＿＿＿＿＿ 画面三：＿＿＿＿＿＿

2.3 分镜头类拍摄提纲模板

分镜头类脚本以《6种不同穿搭，展现你的美！》为例。为便于大家理解，我将提纲要素与释义填写完整，具体案例一栏由大家手动填写。

表 2-3　分镜头类模板提纲要素及释义

提纲要素	释义	具体案例
主题	一句话概括核心内容	
目标受众	用户画像	
视频预计时长	总时长及分段时长	场景一：时长＿＿＿＿＿＿＿ 场景二：时长＿＿＿＿＿＿＿ 场景三：时长＿＿＿＿＿＿＿
核心要素	问题的最终解决方向或价值导向	
核心镜头拍摄	主线人物或核心人物拍摄	第一场拍摄：＿＿＿＿＿＿＿ 第二场拍摄：＿＿＿＿＿＿＿ 第三场拍摄：＿＿＿＿＿＿＿
次要镜头拍摄一	次要人物或次要场景拍摄	第一场拍摄：＿＿＿＿＿＿＿ 第二场拍摄：＿＿＿＿＿＿＿ 第三场拍摄：＿＿＿＿＿＿＿
次要镜头拍摄二	无关人物或次要场景拍摄	第一场拍摄：＿＿＿＿＿＿＿ 第二场拍摄：＿＿＿＿＿＿＿ 第三场拍摄：＿＿＿＿＿＿＿

续表

提纲要素	释义	具体案例
其他镜头拍摄	其他转场拍摄	第一场拍摄：_____ 第二场拍摄：_____ 第三场拍摄：_____
问题及方案	提出问题及能解决当前问题的几种不同方案	提出问题：_____ 方案一：_____ 方案二：_____ 方案三：_____ 方案四：_____
类比和结论	对方案进行纵向比较，并得出最终结论	最优方案：_____ 最终结论：_____
色调、色差	分镜头拍摄所需时间较长，需考虑前后镜头中，色调、色差是否一致	前半段色调：_____ 后半段色调：_____
拍摄场景	具体的拍摄地点	
拍摄设备	拍摄所需要的设备	设备一：_____ 设备二：_____ 设备三：_____ 设备四：_____ 设备五：_____ 设备六：_____

提纲要素	释义	具体案例
引导互动	采用引导互动的话术,包括但不限于"大家有任何看法,都可以在评论区发表意见"	互动话术一:_____ 互动话术二:_____ 互动话术三:_____
出镜调度	镜头前和镜头后的博主拍摄安排表	镜头前:_____ 镜头后:_____

2.4　商业种草类拍摄提纲模板

商业种草类脚本以《电动牙刷,让你的牙洁白无垢!》为例。为便于大家理解,我将提纲要素与释义填写完整,具体案例一栏由大家手动填写。

表2-4　商业种草类模板提纲要素及释义

提纲要素	释义	具体案例
主题	一句话概括核心内容	
目标受众	用户画像	
视频预计时长	总时长及分段时长	
核心要素	问题的最终解决方向或价值导向	
核心定位	产品能够切实解决购买者的哪类或哪几类需求	需求一:_____ 需求二:_____ 需求三:_____

续表

提纲要素	释义	具体案例
痛点展示	对应的需求通过包装，转换成观众的痛点，且迫切需要解决的痛点	痛点一：＿＿＿＿＿＿＿ 痛点二：＿＿＿＿＿＿＿ 痛点三：＿＿＿＿＿＿＿
产品演示	展示对应产品，并详细阐述该产品如何解决问题	
同类产品对比	同类型的产品做质量和价格对比	质量对比：＿＿＿＿＿＿＿ 价格对比：＿＿＿＿＿＿＿
产品促销	引导用户购买的常规用语	话术一：＿＿＿＿＿＿＿ 话术二：＿＿＿＿＿＿＿ 话术三：＿＿＿＿＿＿＿
特定镜头拍摄	产品满足观众相关需求的专业镜头拍摄	
规则自查	商业种草产品尤其注意：部分字词的使用有虚假宣传风险	
色调、色差	商业种草和分镜头拍摄有相似之处：需要对某些产品做特定角度拍摄。拍摄时，需确保拍摄产品与拍摄博主色调、色差不违和	产品色调：＿＿＿＿＿＿＿ 非产品色调：＿＿＿＿＿＿＿
拍摄场景	具体的拍摄地点	

提纲要素	释义	具体案例
拍摄设备	拍摄所需要的设备	设备一：＿＿＿＿＿＿ 设备二：＿＿＿＿＿＿ 设备三：＿＿＿＿＿＿ 设备四：＿＿＿＿＿＿ 设备五：＿＿＿＿＿＿ 设备六：＿＿＿＿＿＿

2.5 知识科普类拍摄提纲模板

知识科普类脚本以《空调省电的 5 个技巧！》为例。为便于大家理解，我将提纲要素与释义填写完整，具体案例一栏由大家手动填写。

表 2-5 知识科普类模板提纲要素及释义

提纲要素	释义	具体案例
主题	一句话概括核心内容	
目标受众	用户画像	
视频预计时长	总时长及分段时长	
核心要素	问题的最终解决方向或价值导向	
痛点展示	以相对权威的方式拆解关键问题	

提纲要素	释义	具体案例
实验或数据	通过一系列的实验，或拿出官方报告的数据去推导结论	实验一：_____ 实验二：_____ 实验三：_____ 数据一：_____
结论和延伸	得出结论后做类比、推理，总结该类问题的具体解决方案	
知识点及知识密度	理论上每 10～30 秒就需要有一个知识点	知识点一：_____ 知识点二：_____ 知识点三：_____ 知识点四：_____
预留钩子伏笔	在视频的最后提出一个类似问题，引导读者持续关注该账号	
拍摄场景	具体的拍摄地点	
拍摄设备	拍摄所需要的设备	设备一：_____ 设备二：_____ 设备三：_____ 设备四：_____ 设备五：_____ 设备六：_____

2.6 DeepSeek 调试拍摄提纲

为提升大家的创作效率，我给大家提供一种非常简单的操作手法，一键式生成上述四类模板拍摄提纲。

我们以 2.2 小节为例，拍摄 2.2 小节内容，并打开 DeepSeek 官网，选中右下角附件，将拍摄内容上传至附件，同时输入指令提示词如下：

> 已知口播类模板拍摄提纲，如附件表格所示。
>
> 请按照表格内容，帮我生成选题:《如何妥善处理父母与子女的关系》的口播类拍摄提纲。

DeepSeek 生成如下：

口播类拍摄提纲:《如何妥善处理父母与子女的关系》

控制要素	释义	具体案例
主题	一句话概括核心内容	有效沟通与理解，化解代际矛盾——让父母与子女的关系更温暖
目标受众	用户画像	80、90后子女（面临独立的迷茫）+中老年父母（渴望被理解）+新婚夫妇/新手父母
视频预计时长	总时长及分段时长	总时长5分钟 场景一：引入矛盾（1分30秒） 场景二：分析痛点（2分钟） 场景三：解决方案（1分30秒）
核心要素	问题的最终解决方向或价值导向	双向沟通、换位思考、建立共同情感纽带

续表

控制要素	释义	具体案例
痛点	抛出若干个难题或困境，且具备足够大的覆盖面	难题一：沟通障碍（父母唠叨，子女沉默） 难题二：观念冲突（婚恋观、消费观） 难题三：时间分配不均（工作忙 vs 陪伴少）
预留悬念	提出几个貌似可行的解决方案，并引导读者在评论区互动	解决方案一：定期家庭会议（每周一次） 解决方案二：共同兴趣活动（做饭、旅行） 解决方案三：用书信代替争吵 （引导语："你试过哪些方法？评论区聊聊！"）
解决方案	提出切实的且具备唯一属性的解决方案	每周固定 1 小时"无手机家庭时间"+ 非暴力沟通四步法（观察 - 感受 - 需求 - 请求）+ 设立共同小目标（如一起学新技能）
引导互动	采用引导互动的话术，包括但不限于"大家对这件事情的任何看法，都可以在评论区发表意见"	互动话术一："你和父母吵得最凶的一次是因为什么？评论区说出你的故事" 互动话术二："支持'父母需改变'扣 1，支持'子女需让步'扣 2" 互动话术三："投稿你的家庭暖心瞬间，下周视频展示！"
拍摄场景	具体的拍摄地点	家庭客厅（温馨布景）、书房（书架背景）、户外公园长椅（自然光线）

续表

控制要素	释义	具体案例
拍摄设备	拍摄所需要的设备	设备一：4K 单反相机 设备二：指向性麦克风 设备三：环形补光灯 设备四：三脚架 设备五：提词器 设备六：反光板
拍摄穿搭	口播拍摄时真人出镜的服饰穿搭	上半身：浅色休闲西装（亲和感） 下半身：深色牛仔裤 发型：自然蓬松短发（无厚重发胶）
微表情管理	在镜头前讲对应台词时，应有的表情管理（增强镜头感）	台词一表情管理：开场微笑+手势引导（亲和力） 台词二表情管理：分析难点时皱眉+点头（共情感） 台词三表情管理：提出方案时眼神坚定+手势上扬（可信度）
画面设计	在镜头前讲对应台词时，尽可能展示的画面（让观众更加信服）	画面一：插入真实家庭矛盾案例（匿名投稿） 画面二：展示数据（如"70%家庭冲突源于沟通方式"） 画面三：情景再现（演绎典型争吵场景）

执行亮点

1. 情感共鸣：通过真实案例和数据增强代入感，避免说教式内容。

2. 实用性强：解决方案具体到"每周1小时无手机时间"，观众可直接实践。

3. 互动闭环：从提问到投稿，形成"观众参与 - 内容反馈 - 二次创作"的良性循环。

4. 视觉设计：场景从室内到户外，画面层次丰富；兼顾专业与亲切。

此提纲兼顾信息密度与观众体验，适合短视频平台传播，可直接用于脚本撰写与拍摄执行。

第 3 章

黄金 15 秒，脚本通用公式

3.1 自问自答公式

为了便于理解，本小节我们以"手机"为案例，同时，请大家完成以下选择题：

假设下方 3 组台词均为短视频开篇的第 1 句话，你觉得选项_____更吸引你观看？

A：新人想要购买手机，我建议你选择 XX、XX、XX。

B：想要购买 XX 手机不被坑，真的有什么技巧吗？我来告诉你：有，而且只有这 4 个，再多一个也没有！

C：来聊几个大家不知道的 XX 手机购买真相，如果你已经有了换机计划，这条视频一定要看完！

在你的确有意向更换手机的前提下，博主说的哪句话更能吸引你把这条视频看完？

答案是：选项 B 和选项 C。

选项 C，我会放在 3.5 小节中详细讲解，该选项属于黄金 15 秒通用模板，无论任何题材套用该模板，都会有更大概率获得爆款。

我们来看选项 B。

如果我们在选项 B 原有的话术基础上，稍微改个词，大家再来看下呢？

B1：想要线上购买 XX 手机不被坑，真的有什么技巧吗？我来告诉你：有，而且只有这 4 个，再多一个也没有！

B2：想要购买手机不被坑，真的有什么技巧吗？我来告诉你：有，而且只有这 4 个，再多一个也没有！

大家看一下：B1 和 B2 有什么区别？

B1 让问题变得更垂直，显得更专业；B2 遵循的是泛流量内容创作规则，所以我们可以理解为 B1 更适合用于品宣，而 B2 更适合去迎合市场流量。如果只是单纯考虑流量问题，我们就必须要扩大覆盖面。黄金 15 秒钟的专业术语要想尽一切办法扩大到某一个赛道、某一个类目或某一个行业。

自问自答黄金 15 秒公式总结如下：

专业术语（扩大覆盖面）+ 痛点解析（精准痛点）+ 提出疑问 + 固定数解决方案 +引导持续观看

随堂练习：

以自问自答公式为模板，设计"手机支架"的黄金 15 秒。

_____

_____

以自问自答公式为模板，设计"男女爱情关系"的黄金 15 秒。

_____

_____

以自问自答公式为模板，设计"健康饮食"的黄金 15 秒。

_____

_____

3.2　成果倒推公式

为了便于理解，我们以"美容护肤"为例，同时，请大家完成以下选择题。

假设下方 2 组台词脚本均为短视频开篇的第 1 句话，你觉得选项_____更吸引你观看？

A：看，我只用了三天，皮肤就从这样变成了这样！你知道我是怎样做到的吗？

B：皮肤要想保养好，我们需要用三种化妆品、一种养颜药，并通过五种体育运动，来使松散的皮肤快速变紧致，让自己的颜值提高三个台阶。

在你的确有意向改善自己皮肤的前提下，博主说的哪句话更能吸引你把这条视频看完？

答案是：选项 A。

成果倒推黄金 15 秒公式总结如下：

拟声词 / 动作词（留住读者 1 ~ 5 秒）+ 成果展示（留住读者 5 ~ 15 秒）+ 反差对比（视觉冲击，提高完播率）+ 提供解决方案 + 引导持续观看

随堂练习：

以成果倒推公式为模板，设计"10 天瘦 10 斤"的黄金 15 秒。

_____

_____

_____

以成果倒推公式为模板，设计"30 天练成书法大师"的黄金 15 秒。

_____

_____

_____

以成果倒推公式为模板，设计"3 年实现人生逆袭"的黄金 15 秒。

_____

_____

_____

3.3 情感共鸣公式

为了便于理解，本小节我们以"常回家看看"为例，同时，请大家完成以下选择题。

假设下方 2 组台词脚本均为短视频开篇的第 1 句话，你觉得选项_____更吸引你观看？

A：父母年龄越来越大，作为子女，不经常回家看望父母就是不孝顺。我们应该……

B:【搭配特定镜头】记得小时候，爷爷总是这样……

在你已经很长一段时间没有回家看望老人的前提下，博主说的哪句话更能吸引你把这条视频看完？

答案是：选项 B。

情感共鸣黄金 15 秒公式总结如下：

触动人心的开场镜头（关键是要激发读者的情感）+ 追忆从前 + 感人故事 + 面向未来

随堂练习：

以情感共鸣公式为模板，设计"远亲不如近邻的"黄金 15 秒。

_____

_____

_____

以情感共鸣公式为模板，设计"父母与子女关系维护"的黄金 15 秒。

_____

_____

_____

以情感共鸣公式为模板，设计"波澜壮阔的爱情故事"的黄金 15 秒。

_____

_____

_____

3.4 痛苦提问公式

为了便于理解，本小节我们以"减肥失败"为例，同时，请大家完成以下选择题。

假设下方 2 组台词脚本均为短视频开篇的第 1 句话，你觉得选项_____更吸引你观看？

A：你减肥为什么总是失败？别人 3 个月能瘦 40 斤，为什么到你这儿越减越肥？今天教你……

B：新人想要减肥，只有方法是绝对不行的，还需要有恒心和毅力。接下来给大家展示一份减肥攻略。

在你的确有意向减肥，或者已经减肥失败的前提下，博主说的哪句话更能吸引你把这条视频看完？

答案是：选项 A。

痛苦提问黄金 15 秒公式总结如下：

灵魂拷问 + 痛苦具象化 + 横向对比 + 解决方案预告

随堂练习：

以痛苦提问公式为模板，设计"健身计划失败"的黄金 15 秒。

_____

_____

_____

以痛苦提问公式为模板，设计"学习成绩退步"的黄金 15 秒。

_____

_____

_____

以痛苦提问公式为模板，设计"既定目标未完成"的黄金 15 秒。

_____

_____

_____

3.5 通用公式

在 3.1 小节的案例中，有这样一个选项：

C：来聊几个大家不知道的 XX 手机购买真相，如果你已经有了换机计划，这条视频一定要看完！

当时我们讲这个模板为通用模板，只要去用就有极大概率获得爆款。

现在我们将这个模板略作改变，如下：

来聊几个大家不知道的_____真相，如果你已经有了_____计划，这条视频一定要看完！

然后大家可以做一个小测试，接下来我们设计任何短视频脚本时，只要把对应的关键词套在上方这句话的空格处，就有极大概率吸引读者观看我们的视频。而类似于这样的模板，我们一般称为"通用公式"。

接下来给大家拆解几套类似的"通用公式"。当短视频脚本的黄金 15 秒不适配"自问自答公式""成果倒推公式""情感共鸣公式"和"痛苦提问公式"时，我们可以一键套用"通用公式"。套用"通用公式"之后未必能保证获得爆款，但有很大概率激发读者的持续阅读，提高短视频的播放率和完读率。

只要你知道_____，就能让你的生活瞬间变得不一样。

就在刚刚，我发现了一个让所有人都惊叹的_____

你有没有遇到过_____问题？别担心，我有解决方案。

猜猜看，我今天发现了_____？保证能让大家大开眼界。

我刚刚测试了一个_____，效果惊人，如果你也遇到_____

我刚刚尝试了一个_____，简直_____，如果你学会绝对能_____

想象一下，如果你拥有了_____，生活会变得怎么样？

震惊，_____，竟然影响了整个行业。

上述累计 9 个通用公式，可以用在我们的短视频黄金 15 秒脚本中，在接下来的随堂练习中，大家可以实操练习。

随堂练习：

请以"朋友请客吃饭，但结账时却不付款"为选题，设计黄金 15 秒的脚本文案。

_____

_____

_____

请以"为什么现在亲戚越来越不亲，邻居却越来越亲？"为选题，设计黄金 15 秒的脚本文案。

_____

_____

_____

请以"空调频繁开关有哪些危害？"为选题，设计黄金 15 秒的脚本文案。

_____

_____

_____

请以"对于大学生就业有哪些过来人总结的经验？"为选题，设计黄金 15 秒的脚本文案。

_____

_____

_____

请以"读书能否改变命运？"为选题，设计黄金 15 秒的脚本文案。

_____

_____

_____

请以"一个月减肥瘦 15 斤是否科学？"为选题，设计黄金 15 秒的脚本文案。

_____

_____

_____

3.6　DeepSeek 调试黄金 15 秒

我们以自问自答公式为例，对 DeepSeek 输入下方指令。

已知自问自答黄金 15 秒公式如下：

专业术语【扩大覆盖面】+ 痛点解析【精准痛点】+ 提出疑问 + 固定数解决方案 + 引导持续观看

请以自问自答公式为模板，帮我设计"手机支架"短视频文案的黄金 15 秒。

DeepSeek 输出：

脚本：

"打工人 / 追剧族 / 健身族必看！角度不稳、夹头松动、颈椎报警？你的支架还在低头受罪？

三招解决：

1. 360° 悬停；2. 防滑鲨鱼齿；3. 颈椎保护！

点击主页看暴力实测！"

公式拆解：

1. 专业术语：全场景人群覆盖（打工人 / 追剧族 / 健身族）

2. 痛点解析：角度、松动、颈椎三大精准痛点

3. 提出疑问："还在低头受罪？"引发代入感

4. 固定数解决方案：三招技术参数直击需求

5. 引导持续观看："点击看实测"钩住用户停留

第4章

口播类脚本速成设计

4.1 问题导向公式

为了便于大家理解，本小节我们以"补光灯"为例：

（视频创作者想要购买一款补光灯不被坑，有什么挑选技巧吗？我来告诉你：有且只有这一点，再多一个也没有！）-- ①

（想必很多视频创作者都会遇到这样的问题：在室内拍摄时光线偏暗、人物面部阴影非常重、轮廓极其不明朗，即便我们调整相机、手机位置，也于事无补。

这个时候继续更新拍摄设备作用不大，主要原因有三：

其一，你缺少稳定光源，画面本身的光线不均匀；其二，即便增加光源也无法调节亮度，色温与周边拍摄的环境有很大出入；其三，部分光源没有立体感和层次感，让我们的视频录制没办法更专业。）-- ②

（大家遇到这种问题一般是怎么解决的？可以把解决方案放在评论区。）-- ③

（其实这个问题很好解决，最容易的一个方式是选择一款合适的补光灯，目前市面上的补光灯性价比最高的一共有5款，分别是A款、B款、C款、D款和E款，接下来我给大家具体拆解一下每款补光灯的优缺点，希望能给视频创作者带来帮助。如果你对短视频创作感兴趣的话，可以点击我的头像关注，我将会持续分享短视频创作技巧！）-- ④

上面的这一段短视频脚本，其实就是典型的问题导向公式：

①是非常经典的黄金15秒、抛出问题；②是分析问题；③是引导互动；④是具体拆解。

问题导向公式具体如下：

黄金15秒 + 抛出问题 + 分析问题 + 引导互动 + 具体拆解

随堂练习：

以问题导向公式为模板，设计"缓解心情焦虑"的脚本台词。

_____

_____

_____

以问题导向公式为模板，设计"一个月瘦 10 斤"的脚本台词。

_____

_____

_____

以问题导向公式为模板，设计"高质量睡眠"的脚本台词。

_____

_____

_____

4.2　痛点暴击公式

为了便于大家理解，本小节我们以"亲子家庭教育"为例：

（明明上的是同样的学校，凭什么别人家的孩子科科满分，而你的孩子成绩考 20 分都算烧高香了？）-- ①

（我从事家庭教育 15 年，国内外的教育模式都摸索过。我的三个孩子，两个分别考上了 985 高校、211 高校，还有一个省重点高三年级排名第 4 名。相信我，理论上没有人比我更了解家庭对子女学习成绩提升的重要性。）-- ②

（你是否深入了解过孩子在学习过程中遇到的具体困难？你有没有观察过孩子在学习时态度是否端正？你有没有和孩子一起分析过考试成绩？你有没有为孩子制订针对性的提升计划？你有没有鼓励孩子向老师请教问题？ --）③

（如果你在家庭教育的过程中根本没有经历过上面 5 个环节。那么恭喜你，孩子学习成绩差，和孩子本身无关，也和所在学校也无关，而是和父母有直接关系。）-- ④

（想让你的孩子学习成绩好，务必做到以下 4 点：

第 1 点，深入了解孩子学习成绩差的主要原因，是孩子学习习惯出现了问题，还是孩子在学校里和同学相处出现了问题？家长必须要做到心知肚明。

第2点，针对孩子的学习，提出个性化可执行的方案。包括但不限于每次考试要提升几分，每天要积极主动回答老师问题几次。

第3点，营造良好的学习环境。当孩子在家学习时，要尽可能营造安静的环境，不要让孩子分心。

第4点，参与孩子的学习，父母要以主动的心态去积极了解孩子的学习情况，去给予他们对应的指导和帮助，甚至要和孩子们一起讨论学习过程中存在的问题。）-- ⑤

（当我们做好这些，如果你的孩子学习成绩还没有提升，可以直接找我，我会免费给你赠送一份专属的孩子短期内快速且健康提升成绩的攻略。）-- ⑥

上面的这一段短视频脚本，其实就是典型的痛点暴击公式：

① 是非常典型的黄金15秒的痛苦提问公式；

② 是实力展示，向观众展示自己能解答问题，且能给予完美答案的资本和实力；

③ 是针对选题提出最核心或最具代表性的问题；

④ 是针对核心问题批量拆解出可能存在的分论点问题，哪怕其中一个分论点问题能引起观众共鸣，都可以极大地提升视频完播率；

⑤ 是提供具体可执行的解决方案；

⑥ 是做好互动，方便持续播放和涨粉。

痛点暴击公式具体如下：

黄金15秒 + 实力展示 + 批量问题质询 + 解决方向 + 具体解决方案 + 引导互动

随堂练习：

以痛点暴击公式为模板，设计"夫妻间有效沟通的技巧与策略"的脚本台词。

以痛点暴击公式为模板，设计"如何选择适合孩子的书籍"的脚本台词。

以痛点暴击公式为模板，设计"二胎或多胎家庭的相处之道"的脚本台词。

_____

_____

_____

4.3　权威背书公式

为了便于大家理解，本小节我们以"肠胃不好的人如何正确饮食"为例：

（我刚刚测试了以下新型的饮食结构方案，效果惊人，如果你也有肠胃不好、消化难、吸收难的问题，这条视频一定能够帮到你。）-- ①

（经常吃刺激性食物或温度过高的食物，竟然会对胃造成损伤？有些人试图喝粥养胃，可没想到胃病反而越来越严重。）-- ②

（你以为的养胃生活小妙招，很有可能是在错误的道路上越走越远。）-- ③

（消化内科专家张教授表示……

营养学专家李教授强调……

中医养生学专家王大夫建议……）-- ④

（结合上面三位专家教授的观点，我给大家制定一份合理的饮食方案，来调理肠胃，吃一份健康餐、美味餐、安全餐。

早餐建议大家吃鸡蛋、牛奶、喝粥，早餐要选择易消化、营养丰富的食物；午餐可以尝试喝蔬菜汤，做软米饭，条件允许，可以蒸鱼、炒几个家常菜；晚餐可以喝小米粥，也可以煮一份清淡的面条。）-- ⑤

（评论区发送想要暗号，给你一份完整的饮食 PDF 文件。）-- ⑥

上面的这一段短视频脚本，其实就是典型的权威背书公式：

① 是非常典型的黄金 15 秒的通用公式；

② 是由自身或某些真实案例得出的结论；

③ 是通过数据或反常识操作，得出与惯性思维认知中的正确方案截然不同的另一套方案；

④ 是引用权威数据，增加视频内容的可信度；

⑤ 是提供具体可执行的解决方案；

⑥ 是做好互动，方便持续播放和涨粉。

权威背书公式具体如下：

黄金 15 秒 + 惊人结论 + 颠覆性认知 + 权威背书 + 方式方法 + 引导互动

注意：权威背书公式往往需要对抛出的问题给予足够专业的回答，否则很有可能误导观众。也正因如此，本套公式中的"专家教授强调和建议"没有补全。

上述案例仅当作短视频脚本案例的参考，并不能当作饮食方面的真实经验。同理，大家在做短视频时，与权威背书相关的所有口播类脚本，都要保证内容的真实性、有效性以及合理性，这一点至关重要。

随堂练习：

以权威背书公式为模板，设计"某最新款手机全面测评"的脚本台词。

_____

_____

_____

以权威背书公式为模板，设计"宠物猫咪生病后的紧急治疗方案"的脚本台词。

_____

_____

_____

以权威背书公式为模板，设计"快速学好英语的三种技巧"的脚本台词。

_____

_____

_____

4.4 情景模拟公式

为了便于大家理解，本小节我们以"过年回家"选题为例：

（想象一下，大年三十晚上外面鞭炮齐鸣，而屋里只有父母两个人，老两口怅然地相互对视，你就能明白，常回家看看绝不是一个口号。）-- ①

（此时的家已经被具象化，是一个值得依托，可以信赖的温暖港湾，只不过此时的港湾因为没有你而变得有些清冷。）-- ②

（看完这条视频，你或许会对新年有不一样的感觉，对家有不一样的感触。）-- ③

（过年不回家，对于在大城市工作或在特殊岗位工作的年轻人来说，多少都会经历。我们可能真的在忙，也可能假装在忙。以忙为借口，在过年的几天里，离家万里之遥。细细回想，在过去的若干年里，你是不是也曾经因为生活琐事、工作忙碌或其他原因，在过年期间不能回到农村老家看望父母？有没有让父母那一次次的等待和期盼，最终变成一次次的失望？）-- ④

（当然，绝大部分过年不回家的小伙伴只是因为工作忙或因为其他的特殊原因。而解决这个问题其实也非常简单，我们只需要挤出一点点时间，哪怕不是逢年过节，也可以常回家看看。不需要带什么特殊礼物，父母需要的只是我们那一份心意和陪伴。）-- ⑤

（你是否因为一次回家过年，让父母开心许久。你是否又因为一次不回家过年让父母失望许多？

欢迎大家在评论区分享你的故事。常回家看看，回到那温暖的港湾。）-- ⑥

上面的这一段短视频脚本，是典型的情景模拟公式：

① 是典型的情感共鸣公式黄金 15 秒；

② 是针对情感模拟得出来的，某些关键词具象化解释，通过解释来让读者有更好的情感共鸣；

③ 是通过更深情的语言表达，让读者对我们想要表达的观点、理论不再具有排斥感；

④ 是我们对该案例更详细地拆解；

⑤ 是提供一系列的解决方案；

⑥ 是做好互动，方便持续播放和涨粉。

具体公式如下：

黄金 15 秒 + 场景具象化 + 深情触达 + 案例拆解 + 解决方案 + 观众互动

随堂练习：

以情景模拟公式为模板，设计"周末和孩子一起玩的 5 个趣味性游戏"的脚本台词。

以情景模拟公式为模板，设计"三个小妙招轻松去除厨房油污"的脚本台词。

以情景模拟公式为模板，设计"异地恋情侣如何维系感情"的脚本台词。

4.5 口播类视频制作注意事项

在本小节，我将详细给大家拆解一下，新人做口播类短视频时，有哪些优势以及注意事项。

优势如下：

优势一，信息传递清晰。所有的口播类视频，只要保证我们逻辑思维清晰，就能最高效率地传递出我们想要表达出来的内容，从而省去复杂的短视频设计、情景拆分、特效等诸多元素。

优势二，人设清晰。口播类视频是最容易打造强 IP 属性的方式。

优势三，制作成本低。所有的口播类视频，只要有台词脚本，以及一个价值在 1500 元以上的手机就可以制作。如果条件再好一些，买一台能够运行剪映等软件的电脑设备就更好了。

优势四，适应性强。当我们想尝试创作口播类短视频时，不需要单独找光线、机位，只需要拿着手机，面对镜头，在任何一个地方都可以侃侃而谈。

注意事项如下：

注意事项一：口播类短视频创作时允许我们思维发散，但必须要有明确主题，要让读者在观看视频时有所得、有所收获。

注意事项二：要和读者有互动，最好能直视镜头。

注意事项三：绝对不可以纯念稿，如果我们通篇朗诵，是没有感情的。实在不行可以先默记脚本中的部分内容，然后再在镜头面前灵活展示。

注意事项四：不要有负能量或冒犯性内容，千万不要把口播类短视频理解为"冒犯的艺术"，这是绝对不允许的。

新人做短视频时，口播类短视频是成本最低、短时间打造 IP 最强的方式。

4.6　DeepSeek 调试口播类脚本

我们以问题导向公式为例，对 DeepSeek 输入：

> 以问题导向公式为模板，设计"缓解心情焦虑"的口播类脚本台词，脚本字数在 500 字左右。
>
> 已知问题导向公式为：
>
> **黄金 15 秒 + 抛出问题 + 分析问题 + 引导互动 + 具体拆解**

DeepSeek 输出：

> "缓解心情焦虑"口播脚本
>
> **【黄金 15 秒：痛点轰炸 + 悬念开场】**
>
> （双手撑桌，身体前倾，皱眉严肃）
>
> "失眠、手抖、喘不上气？明明没做什么却累到崩溃？你可能正在被焦虑生吞活剥！（抬手比出三根手指）今天教你三招自救法，最后一招连心理医生都在偷用！"
>
> **【抛出问题：直击错误应对方式】**
>
> （摇头叹气，手掌向下压）
>
> "为什么你越努力放松越焦虑？（掰手指列举）因为 99% 的人都在犯三个致命错误：1. 强行灌鸡汤正能量；2. 疯狂刷手机逃避；3. 憋着不说硬扛！（拍桌）这些方法就像给伤口贴创可贴——血止住了，脓全烂在里面！"

【分析问题：白话版】

（指尖点太阳穴，语速加快）

"焦虑本质是大脑的求生警报！当你脑子疯狂分泌压力激素，身体就会进入'战逃模式'——这就是为什么你会心跳200、手抖得像帕金森！（双手颤抖模仿）但现代人的焦虑就像误触了永不关闭的火灾警报器！"

【引导互动：情绪共振＋奖励刺激】

（突然贴近镜头，双手张开）

"现在立刻在评论区打出你最近一次焦虑场景：是凌晨3点盯着天花板？还是开会时手抖到握不住笔？（握拳）我会抽10人送《焦虑急救手册》，教你用科学掐断焦虑！"

【具体拆解：三步实操法】

第一步：感官重启——1分钟五感着陆法

（双手平举，掌心向上）

"感觉失控时，立刻做这个动作：（快速演示）1. 说出你看到的5个颜色；2. 触摸4种不同材质；3. 听3种声音；4. 闻2种气味；5. 尝1种味道！（敲桌）这能强制大脑从情绪模式切换回观察模式！"

第二步：认知拆弹——焦虑清单法

（抽出一张A4纸展示）

"准备一张纸画三个格子：（食指划线）1. 写具体恐惧'比如汇报搞砸'；2. 写最坏结果'被开除'；3. 写应对方案'存款够活半年＋能投30家公司简历'！（抖纸张）当你发现连最坏情况都有退路，焦虑值立降50%！"

第三步：长期防御——心理安全屋构建

（双手环抱作保护状，语气转柔）

"每天花5分钟构建专属安全空间：（闭眼回忆）想象童年外婆的老宅，听见柴火噼啪声，闻到烤红薯香……（突然睁眼）这个心理锚点能让你10秒回血！"

【收尾转化：双重行动指令】

（举起手册封面，手指向屏幕右上角）

"现在点击关注私信我'抗焦虑'，免费领20个心理急救包！（翻转手册露出下期标题）下期揭秘'把焦虑变成超能力的华尔街秘术'，我们不见不散！"

第 5 章

分镜头类脚本速成设计

5.1 分镜头类脚本设计基础表格一览图

分镜头类脚本的设计与口播类脚本设计相比要复杂不少。我们会在本章节的 5.4 节给大家讲解分镜头类脚本相比较于口播类脚本的优势和劣势。在本章节中为了便于大家理解，我们采用的所有选题均为"99% 的人刷牙都刷错了"。

现在我们以该选题为例，给大家设计一份简单、基础也是极具代表性的分镜头类脚本基础表格，如下所示。

表 5-1　分镜头类脚本基础示范表

镜头	时长	景别	画面内容描述	台词	音乐 /音效	特效 /转场	镜头运动
1	15 秒	近景	人物直视镜头，准备刷牙	你知道吗？几乎 99% 的人刷牙都刷错了	震惊体音效	刷牙动画	固定镜头
2	5 秒	特写动画					轻微摇晃镜头
3	7 秒	近景过渡					拉镜头
4	21 秒	第一视角					跟随镜头轻微推进
5	36 秒	全景 / 远景					特写镜头

我给大家拆解一下分镜头类脚本中的"景别"和"镜头运动"，方便大家更好地理解

上述表格。注意表格中所有空框部分并非不填写，而是在接下来的小节中详细讲解，本小节暂不讲解，大家可以复制该表格，在自己的分镜头类脚本速成设计模板中自行填写。

景别释义：

远景，远离摄影机拍摄的画面，可以用来展示人物、环境、自然景色以及人物活动的大场面，用于展现事物恢宏的场景，通常用于交代背景、营造氛围。

全景，展示人物全身形象或场景的完整面貌，人物与环境之间的空间关系会变得更加清晰，一般用于人物的介绍、剧情的铺垫、场景的展示。

中景，一般拍摄人物膝盖以上的部分或场景的局部画面，用于人物的对话、互动、剧情的推进。

近景，一般拍摄人物胸部以上或景物更局部的画面，聚焦于人物的面部表情、情绪情感，或相关产品的展示。

特写，一般聚焦于人物面部或某些物体的极小部分，让细节脉络更清晰，用于剧情推动、产品细节放大、关键信息提示。

镜头运动释义：

推镜头，景别从大到小，保证主体强化、突出，一般用于关键细节的揭示或者情景聚焦。

拉镜头，景别从小到大，逐步拓展到现场环境，一般用于场景转换或者悬念铺垫。

摇镜头，一般用于空间环境极大，且需要展示环境关系或多主体转场。

移镜头，一般由手持稳定器、无人机或其他更专业的设备，来保证镜头始终向平行方向移动，用于更好的画面展示。

跟镜头，一般分为前跟、后跟和侧跟，一般用于焦点追踪，在短视频创作时很难用到。

除此之外，还包括升降镜头、复合运动镜头等。新人在短视频创作时，不需要太过专业，一般可以在镜头运动处标记好，轻微摇晃镜头、拉镜头、镜头推进或镜头远离即可。

5.2 知识干货公式

为了便于大家理解，本小节我们以"为什么99%的人刷牙都刷错了"为例，同时给大家介绍"知识干货公式"的模板：

黄金15秒 + 反常识提问 + 解决方案 + 原理展示 + 实操演示 + 互动话术

接下来我们运用5.1小节中的"分镜头类脚本表格"来尝试创作。

表 5-2 "知识干货"分镜头类脚本基础示范表

镜头	时长	景别	画面内容描述	台词	音乐/音效	特效/转场	镜头运动	公式对应标记
1	10 秒	近景	人物直视镜头,准备刷牙	你知道吗?几乎 99% 的人刷牙都刷错了	晨际体音效	刷牙动画	固定镜头	黄金 15 秒
2	5 秒	特写动画	在短视频素材库中找到胡乱刷牙的动态卡通图,以贴纸的方式展示在视频界面	你是不是觉得刷牙很简单?随便刷刷就行了	刷牙音效	刷牙动画	无	反常识提问
3	7 秒	近景过渡	把牙刷放在自己的嘴前,以夸张的姿势左右摇头,边摇头边念台词	或者拿着牙刷左右摇晃,觉得口气清新后漱一下漱口水	土拨鼠尖叫音效	普通转场	固定镜头	反常识提问

续表

镜头	时长	景别	画面内容描述	台词	音乐／音效	特效／转场	镜头运动	公式对应标记
4	9秒	第一视角	把牙刷放在一旁，直视镜头，并在讲究解到可能损害牙眼和口腔时，用手指指一下自己的牙眼及口腔	其实刷牙是大有讲究的，刷牙方式不对，牙齿刷不干净不说，还有可能损害到牙眼和口腔	错误音效	普通转场	跟随镜头轻微推进	反常识提问
5	12秒	第一视角	面前摆放三种不同类型的牙刷，并一一向观众展示	首先我们要选择合适的牙刷，尽量不要选择短毛或长毛牙刷，选择中毛牙刷即可	错误音效和正确音效	红色×特效和绿色√特效	镜头特写	解决方案
6	7秒	近景	面前摆放多种不同类型的牙膏，并一一向观众展示	其次，我们要选择合适的牙膏，比如含氟牙膏，能够防止蛀牙	错误音效和正确音效	红色×特效和绿色√特效	固定镜头	解决方案

续表

镜头	时长	景别	画面内容描述	台词	音乐／音效	特效／转场	镜头运动	公式对应标记
7	15 秒	近景	讲解完脚本后，把牙刷放在自己的口腔中，给观众展示具体的刷牙方式和动作	最后也是最关键的，把牙刷放在牙齿与牙龈交界处，45 度角轻轻用力，要把每一颗牙齿都刷掉，包括前面、后面和咬合面，刷牙时间要保证在三分钟以上	无	口气清新卡通动画	镜头特写	原理展示
8	15 秒	近景	直视镜头，并做好刷牙的准备工作	接下来给大家现场实操一下	无	无	固定镜头	实操演示
9	15 秒	近景	展示刷牙前牙齿状态	无	无	无	镜头特写	实操演示

续表

镜头	时长	景别	画面内容描述	台词	音乐／音效	特效／转场	镜头运动	公式对应标记
10	15秒	近景	展示完整的刷牙流程	无	无	无	镜头特写	实操演示
11	3秒	近景	牙齿刷完后和牙齿刷前的图片对比	无	无	叮咚音效	镜头特写	实操演示
12	5秒	近景	直视镜头	如果你觉得这个视频对你有帮助，不要忘记点赞、收藏，并分享给你的家人、朋友	无	无	固定镜头	互动话术

随堂练习：

以知识干货公式为模板，设计"正确睡眠姿势"的脚本。

表 5-3　"知识干货"分镜头类脚本随堂演练 I

镜头	时长	景别	画面内容描述	台词	音乐/音效	特效/转场	镜头运动	公式对应标记

以知识干货公式为模板，设计"烫伤后的应急方案"的脚本台词。

表 5-4 "知识干货"分镜头类脚本随堂演练 II

镜头	时长	景别	画面内容描述	台词	音乐/音效	特效/转场	镜头运动	公式对应标记

以知识干货公式为模板，设计"洗发的正确方式"的脚本台词。

表 5-5　"知识干货"分镜头类脚本随堂演练Ⅲ

镜头	时长	景别	画面内容描述	台词	音乐/音效	特效/转场	镜头运动	公式对应标记

5.3　故事引导公式

为了便于大家理解，本小节我们以"为什么 99% 的人刷牙都刷错了"为例，同时给大家介绍"故事引导公式"的模板：

黄金 15 秒 + 故事引入 + 问题抛出 + 解决方案 + 互动话术

表 5-6 "故事引导"分镜头类脚本基础示范表

镜头	时长	景别	画面内容描述	台词	音乐/音效	特效/转场	镜头运动	公式对应标记
1	5秒	近景	人物直视镜头、面部表情要夸张一些	震惊！正确的刷牙方式竟然只有1%的人知道！	震惊体音效	刷牙动画	固定镜头	黄金15秒
2	8秒	近景或工具人出镜	条件允许可以让素材当中的老张或者其他工具人出镜，条件不允许，我们可以直面镜头	前两天大学室友老张因为出差办公，借宿到我家，我意外看到他的刷牙姿势，给我惊呆了	刷牙音效	无	无	故事引入
3	10秒	近景过渡	条件允许可以让素材中的老张或者其他工具人出镜，条件不允许我们直面镜头	在我的询问下，发现老张刷牙竟然只拿着牙刷横扫两排牙，刷牙15秒左右就结束了	土拨鼠尖叫音效	普通转场	固定镜头	故事引入

续表

镜头	时长	景别	画面内容描述	台词	音乐/音效	特效/转场	镜头运动	公式对应标记
4	10 秒	第一视角	展示几种错误的刷牙方式	这些刷牙方式根本就不科学，然后，我询问了家中的亲友才发现，身边很多人都不知道如何正确刷牙	错误音效	普通转场	跟随镜头+轻微推进	问题抛出
5	4 秒	近景	人物直面镜头	一些小伙伴可能会想：不会正确的刷牙姿势，无外乎牙齿刷不干净呗	沉闷背景音	无	镜头特写	问题抛出
6	6 秒	近景	展示自己的口腔或牙眼	事实比大家想象的还要可怕，错误刷牙轻则导致牙齿不干净、有蛀虫，重则对口腔、牙龈带来损害	敲击牙齿的音效	无	镜头特写	问题抛出

镜头	时长	景别	画面内容描述	台词	音乐／音效	特效／转场	镜头运动	公式对应标记
7	5秒	近景	人物直面镜头	今天我给大家讲解一套正确的刷牙方式，大家一定要点赞、关注加收藏，分享给身边的亲友	点赞转发特效	无	固定镜头	解决方案
8	6秒	近景	直视镜头，并做好刷牙的准备工作	首先我们不要选择长毛牙刷和短毛牙刷，可以选择中毛牙刷，其次要挑选质量合格的牙膏	无	无	固定镜头	解决方案
9	8秒	近景	将牙刷斜放在牙齿与牙眼的交界处，并准备一个秒表或其他计时表	再之后把牙刷放在牙齿与牙眼的交界处45度，轻轻用力，把牙齿的前后两面和咬合面刷干净，最重要的是刷牙时间3分钟左右最优	无	无	镜头特写	解决方案

续表

镜头	时长	景别	画面内容描述	台词	音乐/音效	特效/转场	镜头运动	公式对应标记
10	15秒	近景	展示完整的刷牙流程	无	无	无	镜头特写	解决方案
11	15秒	近景	牙齿刷完后和牙齿刷前的图片对比	无	无	无	镜头特写	解决方案
12	3秒	近景	直视镜头	如果你觉得这个视频对你有帮助,不要忘记点赞、收藏,并分享哟	无	无	固定镜头	互动话术

随堂练习：

以故事引导公式为模板，设计"职场面试如何拿到更高薪资？"的脚本台词。

表 5-7 "故事引导"分镜头类脚本随堂演练 I

镜头	时长	景别	画面内容描述	台词	音乐/音效	特效/转场	镜头运动	公式对应标记

以故事引导公式为模板，设计"酒局上被刁难，如何高情商回复？"的脚本台词。

表 5-8　"故事引导"分镜头类脚本随堂演练 Ⅱ

镜头	时长	景别	画面内容描述	台词	音乐/音效	特效/转场	镜头运动	公式对应标记

以故事引导公式为模板，设计"邻里关系不和，如何修复邻里关系？"的脚本台词。

表 5-9 "故事引导"分镜头类脚本随堂演练Ⅲ

镜头	时长	景别	画面内容描述	台词	音乐/音效	特效/转场	镜头运动	公式对应标记

5.4　分镜头类短视频 vs 口播类短视频

分镜头类短视频脚本和口播类短视频脚本是两种不同的类型，在脚本制作的过程中各有优劣。本小节给大家重点拆解一下分镜头类短视频相较于口播类短视频在脚本制作中有哪些优势、劣势。

优势如下：

优势一，视觉记忆点强化。分镜头类短视频在不同转场中，可以侧重于某一个镜头的不断出现，而这类镜头的不断出现对于观众来说，可以形成一个又一个强有力的记忆点，用来搭建强个人 IP。

优势二，完播率可能会更高。相较于单一的口播类短视频来说，分镜头类短视频存在各种转场画面切换，能极大提升三秒留存率、五秒留存率和十秒留存率。这样的留存率提升，在平台端属于数据优秀，进而会给予更多的流量扶持。

优势三，更具备叙事沉浸感。分镜头类短视频，能通过各种拍摄技巧，包括但不限于蒙太奇手法的拍摄方式，让一个短视频中有更多内容、元素，让观众能更好地沉浸下去。

优势四，商业价值更多。分镜头类创作可以给予部分品牌更多、更直观、更全面、更立体的展示空间，更容易获得甲方的青睐。

劣势如下：

劣势一，制作成本高。相较于口播类短视频来说，分镜头类短视频既要考虑在不同镜头面前展示的内容，又要考虑展示内容与脚本之间的重合度。

劣势二，创新密度低。分镜头类短视频在创作时，如果只采用单一镜头或单一的镜头切换，很容易引起观众的视觉疲惫，我们需要在原有基础上不断进行创新。短视频拍摄的技巧就这么多，创新得再快，也很难快过观众对我们的预期。

劣势三，无法做内容量化生产。在创作某些热点内容或跟风题材时，不能批量创作就意味着丧失大量流量，账号创作初期很难形成黏性粉丝。

总结：

分镜头类短视频创作，更适合有团队、有一定创作经验，且对个人期望值较高，有意向在商业视频方向闯出一片天地的小伙伴；口播类短视频，更适合初次介入短视频创作，对于自己未来定位发展不太清晰、不太明朗，但有意向创作出优秀短视频的小伙伴。

5.5 DeepSeek 调式分镜头类脚本

我们以 5.3 小节"故事引导公式"为例，操作流程与第 2.6 小节一样，将 5.3 小节表格内容拍摄并导入 DeepSeek 中，同时对 DeepSeek 输入内容如下：

> 已知分镜头类脚本模板，如附件表格所示。
>
> 请按照附件表格模板，自行调整修改，并生成"职场面试如何拿到更高薪资？"的脚本台词。

DeepSeek 输出：

> "职场面试如何拿到更高薪资？"分镜头类脚本（扩充版）
>
> 【黄金 15 秒：悬念开场】
>
> | 镜头 | 时长 | 景别 | 台词 | 特效/音效 | 转场 |
> | --- | --- | --- | --- | --- | --- |
> | 1 | 5 秒 | 近景 | （主播拍桌瞪眼）："面试官说月薪 8 千，你点头接受？活该被压价！（冷笑）你知道自己至少少赚了 30% 吗？" | 键盘敲击音效+红色警示字幕"薪资陷阱！" | 镜头快速推进到主播眼睛特写 |
>
> 【故事引入：血亏案例】
>
> | 镜头 | 时长 | 景别 | 台词 | 特效/音效 | 转场 |
> | --- | --- | --- | --- | --- | --- |
> | 2 | 10 秒 | 中景 | （主播模仿求职者慌乱擦汗）："上个月粉丝@小李，表示期望薪资 8000 元，入职后发现同事同岗位拿 1.2 万元！" | 硬币哗啦啦掉落音效+工资条放大动画（标红差额部分） | 画面分割对比（左：小李沮丧脸；右：同事豪车钥匙） |

续表

镜头	时长	景别	台词	特效 / 音效	转场
3	8秒	近景	（主播掰手指痛心疾首）："因为他犯了三大作死操作：1.没查行业薪资就报价；2.被HR画饼急着接offer；3.连五险一金基数都不敢问！"	红色叉号逐个爆炸特效＋玻璃碎裂音效	闪白转场

【问题抛出：痛点拆解】

镜头	时长	景别	台词	特效 / 音效	转场
4	7秒	特写	（主播指尖敲击桌面）："为什么你总拿不到高薪？薪资谈判不是求施舍，是价值博弈！（突然靠近镜头）HR手里至少有20%的上浮空间！"	金币碰撞声＋天平动画（两端标"你的价值"vs"企业成本"）	镜头360°旋转强调压迫感
5	6秒	近景	（主播冷笑摇头）："当面试官问你期望薪资，回答'按公司标准'的，直接掉进薪酬陷阱！（甩出报表）这个话术会让你的价值自动打七折！"	陷阱机关"咔哒"音效＋工资数字7折动画	画面下沉特效（配合手部下压动作）

【解决方案：五步破局】

1. 薪资摸底——三大渠道挖底价

镜头	时长	景别	台词	特效／音效	转场
6	12秒	分屏	（左屏手机操作）："打开猎聘APP搜"薪酬报告"，选城市＋岗位＋工作年限；（右屏电脑演示）进国家统计局官网查"行业工资中位数"；（中间屏弹窗）潜伏脉脉职言区看在职员工爆料！"	手机点击音效＋键盘打字声＋弹幕飘过"前端成都1.5万元"	三屏动态拼接

2. 自我估值——五维价值评估法

镜头	时长	景别	台词	特效／音效	转场
7	15秒	近景	（主播举起评估表）："把你的：1. 项目成果量化（如节省成本50万元）；2. 证书溢价（PMP＋20%）；3. 竞对offer（截图备用）；4. 特殊技能（Python＋15%）；5. 岗位紧急度（急聘岗＋30%），全部列出来！"	计算器按键音效＋百分比动态叠加动画	镜头跟随手指划动表格

3. 报价公式——科学计算不露怯

镜头	时长	景别	台词	特效 / 音效	转场
8	10 秒	特写	（主播写板书）："期望薪资 = 行业均价 ×1.3 倍 + 福利折现！比如均价 1 万元，（圈出公式）你要报 1.3 万元！记住：13 薪要折算成月薪 ×1.08，加班费按时薪 2 倍算！"	粉笔书写声 + 数字爆炸强调特效	镜头从黑板拉远到主播自信脸

4. 话术攻防——四套应答模板

镜头	时长	景别	台词	特效 / 音效	转场
9	20 秒	中景	（主播切换角色扮演）：HR："我们最多给到 1 万元。"你："理解您的预算（点头），不过根据我的项目经验（递报表），能为团队节省 40% 试错成本，是否有弹性空间？"HR："其他候选人报价更低。"你："我的 AWS 认证和全英文报告能力（亮证书），能确保项目交付质量超出市场标准 30%！"	对话气泡左右弹出 + 证书放大光效	画面左右切换视角

5.收尾施压——三招反制压价

镜头	时长	景别	台词	特效/音效	转场
10	15秒	近景	（主播挑眉冷笑）："如果HR说"要考虑"，立刻跟进：1.给截止时间（周五前回复）；2.暗示竞对offer（截图发邮箱）；3.反向画饼（"我入职后能帮团队开拓新渠道"）！记住：沉默超过3秒，对方就会让步！"	时钟滴答音效+邮件发送动画	镜头推进到主播微表情特写

【互动话术：三重钩子】

镜头	时长	景别	台词	特效/音效	转场
11	8秒	近景	（主播举起话术手册）："评论区扣"谈薪"，免费领《18套反杀话术+薪资计算模板》！下集揭秘：用"离职倒计时法"让HR追着你加价！"	礼盒爆炸特效+关注按钮脉冲光效	

【升级亮点】

第一，深度工具化：新增国家统计局查薪指南、五维价值评估表等实操工具。

第二，场景颗粒度：细化到"HR 说候选人报价更低"等具体话术应对。

第三，心理博弈链：加入"沉默 3 秒法则""离职倒计时法"等进阶技巧。

第四，视觉记忆点：证书光效、工资条标红等设计强化关键信息。

第 6 章

商业种草类脚本速成设计

6.1 "问题 + 方案"公式

为了便于大家理解，本小节我们以"麦克风"为例，并假设甲方麦克风品牌为"大鸭梨麦克风"。（注意：本章所有种草文案中阐述的品牌，全部为虚构品牌，并不具备任何销售或推广含义，仅为让大家快速掌握商业种草类脚本的速成设计。）

（讲几个大家不知道的麦克风购买真相，如果你短期内有购买麦克风的计划，这条视频一定要看完。）-- ①

（大家在做短视频录制或户外直播时，一定会遇到这类问题。手机或电脑的杂音太大，视频录制到最后，外界杂音甚至已经超过了我们的声音，导致很多观众朋友在评论区留言，表示根本听不清。）-- ②

（遇到这类问题时，很多做短视频的博主都会优先想购买一款麦克风，可市面上的麦克风五花八门、鱼龙混杂，价格便宜的 30 元钱就可以买到一套，而价格贵的甚至要动辄 2 万元起步，我们很难找到适配自己的麦克风。

那么有没有一套麦克风，价格适中且性价比高，使用该麦克风录制出来的视频音质还非常清晰？）-- ③

（答案是显而易见的，没错，就是大鸭梨麦克风！）-- ④

（音质清晰，无论是录制声音还是做短视频直播，都能还原你的声音，而且降噪能力极其强大，即便是在嘈杂的环境中，也能够保证声音的纯净度。最重要的是性价比高，与其他同品质麦克风相比，大鸭梨麦克风价格更亲民，设计方面也非常人性化，小巧便捷，方便随时录音或直播。）-- ⑤

（大鸭梨麦克风今日做品牌促销活动，原价 666 元，现在只需要 333 元就可以直接入手，点视频左下角链接，享受同等折扣。）-- ⑥

上面的这一段短视频脚本，其实就是典型的"问题 + 方案"公式：

① 是非常经典的黄金 15 秒通用公式；

②是抛出痛点，引起观众共鸣；

③是在原有痛点的基础上，再次抛出难点，持续吊观众胃口；

④是开门见山，直接推出自己要宣传的产品；

⑤是对产品进行一系列的展示，并把产品的优势讲解明白；

⑥是进行系列促销，引导用户直接下单。

具体公式如下：

黄金15秒 + 痛点阐述 + 痛点二次阐述 + 产品引入 + 效果展示 + 结尾呼吁

随堂练习：

以"问题 + 方案"公式为模板，设计"宠物食品商业种草"的脚本台词。

_____

_____

_____

以"问题 + 方案"公式为模板，设计"婴儿玩具商业种草"的脚本台词。

_____

_____

_____

以"问题 + 方案"公式为模板，设计"健身器材商业种草"的脚本台词。

_____

_____

_____

6.2　测评公式

为了便于大家理解，本小节我们以手机支架为例，并假设甲方手机支架品牌为"大苹果手机支架"。

（你有没有遇到过录制短视频时支架不稳，或手机角度不对，导致拍摄画面差的情况？别担心，我有解决方案。）-- ①

（我把知名度比较高的手机支架全都拿了过来，总共有这四种，分别是品牌A、品牌B、品牌C和大苹果手机支架。）-- ②

（品牌A手机支架是航空级铝合金材质，耐用且有质感，只不过价格略贵一些。

品牌B手机支架是常见的折叠设计，便于携带，但承重小，如果手机重量大，会明显不稳。

品牌C手机支架虽然价格低廉，但属于普通的塑料材质，且底座重量太轻，手机很容易放倒。

大苹果手机支架虽然不是铝合金支架，但底座增添了重量装置，同时底座面积大，而且是半折叠形式，既方便携带，又能够保证稳定录制。）-- ③

（综合考虑，这四款手机支架，各有千秋，但是从性价比、使用的稳定性上考虑，很明显，大苹果手机支架会更胜一筹。）-- ④

（如果大家注重手机支架的灵活性、稳定性，且想要价格便宜，强烈推荐大家使用大苹果手机支架。）-- ⑤

（最劲爆的是，大苹果手机支架今日还有促销活动，原价25元，现价只需要23元，购买两副还可以享受75折优惠！）-- ⑥

上面的这一段短视频脚本，其实就是典型的测评公式：

① 是非常经典的黄金15秒通用公式；

② 是抛出痛点，引起观众共鸣；

③ 是讲解多款商品的优劣势；

④ 是对种草商品的优势做拆解并推荐；

⑤ 是将种草商品的优势放大处理；

⑥ 是进行系列促销，引导用户直接下单。

具体公式如下：

黄金15秒 + 抛出问题 + 产品优劣分析 + 优选推荐 + 优势放大 + 营销促单

重要补充：测评公式中，严禁诋毁其他品牌以增加自己种草产品销量的行为。

随堂练习：

以测评公式为模板，设计"宠物食品推荐"的脚本台词。

以测评公式为模板，设计"旅游景点推荐"的脚本台词。

_____

_____

_____

以测评公式为模板，设计"科普类书籍推荐"的脚本台词。

_____

_____

_____

6.3　产品前瞻公式

为了便于大家理解，本小节我们以手机为例，并假设甲方手机品牌为"猕猴桃手机"。

来聊几个大家不知道的手机购买真相，如果你已经有了换机计划，这条视频一定要看完！ -- ①

在当今的手机市场上，可以说越来越多的手机品牌或型号横空出世，且层出不穷。而手机也不单单是交流工具，它变成了集休闲娱乐、健康监测、智能互联于一体的生活伴侣。-- ②

在这样的市场趋势下，购买哪一款手机成了很多准备换机小伙伴的头等难题。-- ③

猕猴桃手机的应运而生，刚好解决了这个问题，这款手机不但有时尚的外观设计，更重要的是，在智能化和健康监测两个方面取得了大创新、大突破，融合了最新的科技元素，让我们拥有前所未有的使用体验。

这款手机最大的特色在于拥有健康监测系统，可以通过先进的传感技术监测用户的实时心率、血压等诸多健康指标。此外，还具备万物互联功能，可以连接家中的诸多智能设备，让我们哪怕远在万里之遥，都可以遥控指挥。-- ④

如果你也是一位追求生活品质，喜欢尝试新鲜科技的消费者，那么猕猴桃手机绝对值得你的期待。目前这款手机已经开通了预售渠道，我们可以在官网或下方链接处进行预定，让我们的生活更智能化健康化。-- ⑤

猕猴桃手机，等你来尝鲜。-- ⑥

上面的这一段短视频脚本，其实就是"产品前瞻公式"：

① 是非常经典的黄金 15 秒通用公式；

② 是抛出痛点，引起观众共鸣；

③ 是讲解该类品牌的未来发展趋势，以及用户的诉求；

④ 是对种草商品的产品迭代重点讲解，并匹配发展趋势和用户诉求；

⑤ 是将种草商品的优势放大处理；

⑥ 是进行系列促销，引导用户直接下单。

具体公式如下：

黄金 15 秒 + 抛出问题 + 趋势分析 + 特色创新 + 购买建议 + 营销促单

随堂练习：

以产品前瞻公式为模板，设计"无人机商业种草"的脚本台词。

_____

_____

_____

以产品前瞻公式为模板，设计"电动汽车商业种草"的脚本台词。

_____

_____

_____

以产品前瞻公式为模板，设计"医疗保健商业种草"的脚本台词。

_____

_____

_____

6.4　商业种草类脚本注意事项

相较于其他两类脚本的速成设计而言，商业种草脚本在设计时如果出现明显的违规甚至违法情况，是需要担责任的，尤其涉及虚假宣传等行为。也正因如此，我们单独拓展出本小节，拆解商业种草脚本的注意事项。

第 1 点，禁止抄袭。商业种草文案的优秀与否直接关系到产品销量的高低，而商业种草文案的版权保护也比我们想象的要严苛得多。所以为了规避版权问题，更重要的是尊重他人的知识产权，我们不可以抄袭别人的文案。

第 2 点，禁止夸大其词或虚假宣传。我们可以通过精细用词的方式包装，但绝对不允许夸大其词，也绝对不能做虚假宣传。如果有虚假宣传的行为，很有可能面临假一赔三，甚至更高的处罚风险。

第 3 点，禁止恶意导流。商业种草脚本往往会在平台发布，并引导平台用户在链接处下单，整个过程平台是有佣金可得的，如果我们跳过平台，在线下交易，既不能保证交易的可靠性，同时又侵犯到平台的利益，有可能被封号。

第 4 点，禁止某些敏感词出现。比如：全球最牛、世界第一、国家级、宇宙级等，这类字词除非真的有对应资质认证，否则会被判定虚假宣传。

第 5 点，不得贬损同行业产品。无论我们做的商业脚本是哪一个行业、哪一个赛道、哪一个类目，我们只需专注于做的这款产品就可以。哪怕是测评类的脚本，也只能是优中取优，不能用贬损同行等行为来获得最大流量。

6.5　DeepSeek 调试商业种草类脚本

我们以 6.1 小节为例，对 DeepSeek 输入如下：

> 已知短视频商业种草脚本公式为：
>
> 黄金 15 秒＋痛点阐述＋痛点二次阐述＋产品引入＋效果展示＋结尾呼吁
>
> 请按照该公式帮我设计"健身器材商业种草"的脚本台词，健身器材为：跑步机。

DeepSeek 输出：

【黄金15秒】

（画面：快节奏切换上班族挤地铁、雨天皱眉、健身房排队场景）

"没时间去健身房？天气差跑不了步？家里太小放不下器材？

（突然定格黑屏＋音效）这台跑步机，让你每天30分钟在家瘦全身！"

【痛点阐述】

（画面：女性对着镜子捏腰叹气＋男性揉膝盖）

"健身卡办了总没空去？户外跑步怕雾霾伤肺？传统跑步机占地大、噪声吵邻居？

（字幕弹出：90%的人因这些理由放弃运动计划）"

【痛点二次阐述】

（画面：时钟转到23点＋健身房关门告示）

"加班回家健身房早关门，想夜跑又担心不安全……

（突然摔倒音效）跑步姿势不对还伤膝盖！80%新手根本不会科学训练！"

【产品引入】

（画面：跑步机超薄机身竖立靠墙＋秒收演示）

"XXX跑步机，超薄机身仅8cm！竖立收纳省空间，女生单手就能推！

（切换跑步画面）德国减震黑科技，膝盖压力直降60%！超静音马达，楼上楼下零投诉！"

【效果展示】

（画面：不同时段使用场景＋体测数据对比）

"6：30晨跑唤醒代谢｜13：00午休碎片燃脂｜21：00追剧轻松走｜

（弹出对比图）30天腰围−7cm！配速提升40%！12种智能课程，私教级姿势矫正！"

【结尾呼吁】

（画面：全家使用场景＋价格倒计时）

"现在下单立省800！前100名送体脂秤＋瑜伽垫！

（突然贴近镜头）健康才是最好的投资！点击购物车，把私人健身房搬回家！"

增效细节：

1. 痛点环节使用"摔倒音效＋数据弹窗"增强焦虑感。

2. 产品展示强调"竖立收纳／静音／减震"核心差异点。

3. 效果部分用"不同时段＋具体数据"强化真实感。

4. 促销话术"前100名有赠品"制造紧迫性。

第7章

视频录制所需配备的相关设备及灯光、场景搭建简单教学

7.1 视频录制、剪辑所需设备一览表

表 7-1　录制视频所需设备一览表

视频录制设备	作用	设备推荐（仅推荐，可自行寻找，不作品牌宣传）
专业相机	最专业的视频拍摄设备，像素高清，发表在平台上不掉帧、不糊影	价格一般在 5000～20000 元之间，新手不建议购买
智能手机后置摄像头	像素高，成像质量高，适合拍摄风景及广角画面，被拍摄者可以把注意力更好地集中于镜头，画面感更好	价格在 2000 元以上的手机，后置镜头摄像都不会很差
智能手机前置摄像头	通常会自带美颜滤镜的功能，像素相对较低一些，但适用于自拍或没有镜头感的短视频博主录制视频	价格在 2000 元以上的手机，前置镜头摄像都不会很差
美颜相机	可以按照自己的需求来调整美颜相机的相关参数，对上镜博主容貌做微调，对周边环境场景做微调	有会员版和非会员版，非会员版能满足大多数短视频博主的创作需求

续表

视频录制设备	作用	设备推荐（仅推荐，可自行寻找，不作品牌宣传）
麦克风	手机降噪，尤其是在户外拍摄时，可以很好地规避噪声打扰	麦克风价格在 300 元以上，就有很好效果
手机提词器	固定镜头拍摄时可以把提词器放在手机前方，同时在提词器下方再额外放置一个手机，用于提词；也可以选择手机自带的提词功能。主要目的是帮助新人博主避免最开始录制短视频时，忘台词、忘脚本的情况	手机 app；实物提词器的价格一般不会高于50 元；相机提词器的价格一般不会高于200 元
手机支架	固定机位作用	一般价格在 10～70 元不等
云台稳定器	将手机置于云台稳定器上，在行走或改变手机支架位置时，可以有效地稳定手机镜头，一般用于大型活动或真人出镜以及在行走中录制短视频等情况	市面上的云台稳定器价格普遍在300～2000 元之间，可挑选适合自己的价位

表 7-2 视频剪辑所需软件一览表

剪辑视频设备	作用	是否有额外花费
剪映	新手小白剪辑视频的常用软件之一，抖音推出	部分功能需要开通会员
快影	新手小白剪辑视频的常用软件之一，快手推出	
必剪	新手小白剪辑视频的常用软件之一，B站推出	
万星喵影	主要用于剪辑人物说话的气口，使视频更具节奏感	该功能需要开通会员
Pr 等剪辑软件	这类剪辑软件操作难度大，新手不建议付费学习该类软件的剪辑方式，我们使用上述的几类剪辑软件，就已经可以很好地剪出优质视频来	

7.2 灯光布景基础教学及核心要素

表 7-3 灯光布景使用教学指南

灯光种类	使用教学	核心要素
LED 灯	45 度侧前方	主光灯，起主要布光作用
环形灯	正前方	
柔光箱	此四类灯光可以放在主光的外侧，但要注意是前侧，而不是后侧，以45 度为例，主光可以放在右手边 45 度，辅光就得放在左手边 45 度	辅光灯，减弱主光产生的阴影或过度曝光，使得光线更平衡
LED 灯		
反光板		
小型补光灯		

续表

灯光种类	使用教学	核心要素
LED 灯	所有的轮廓灯，理论上要放在主播身后。至于角度，可以随镜头自行安排	轮廓灯，分离主体与背景之间的阴影，增加人物的立体感
投影灯		
氛围灯		
落日灯		
火焰灯		

7.3　真人出镜视频场景搭建基础教学及建议

真人出镜视频场景搭建一般有三种搭建方式。

方式一，经典室内 3 点布光法。

使主光灯位于主体右前方 45 度，或左前方 45 度，辅光位于主体的另外一侧 45 度，同时将背景轮廓灯置于主体身后。

优势：可以更贴近自然光，人物更立体。

劣势：花费成本最高，整套配置下来一般在 300～20000 元不等。

布置条件：一般在密闭的工作室或房屋中，尤其以光线较弱的房间为主。

方式二，自然光线借助法。

将主光灯位置挪开用自然光替代，比如窗户照射进来的光线，同时在另一侧放置反光板，自己身后采用轮廓光。

优势：成本更低，且光线更好。

劣势：自然光会随着时间而变化，需要花费更多的时间精力，来移动轮廓光和辅光灯。

布置条件：南北侧或东西侧有窗，且光线明亮可以照射进来，但不能直射，防止过度曝光。

方式三，自然光拍摄。

在午后或其他时间，用手机云台或手机支架，选择光线较柔和的路边场景进行拍摄。

优势：成本几乎为零，而且光线最好。

劣势：周边场景搭建可遇不可求，且容易受外在环境影响。

布置条件：人少的景区最佳。

针对大家做短视频，或未来可能会接触到的直播行业，我有两点建议。

建议1，最开始时，所有设备都要选择最便宜、最廉价的。如果一开始选择高价位的设备，投入成本太高，后期达不到应有的效果，带来的损失过大。

建议2，所有的灯光布景，只需要记住一句口号就可以：你的灯光布景，本质是为了尽最大可能还原户外光线。对于绝大多数的新人博主来说，布光有这句话足矣！

短视频变现平台及变现模式一览表

短视频变现平台及变现模式一览表

平台	变现模式	描述
抖音	广告分成/直播打赏、商品橱窗、星图广告小程序推广、直播带货、全民任务等各类活动	流量最高，变现能力最强
快手	光合计划、直播打赏、商品橱窗、直播带货、平台活动	流量可观，直播打赏、直播卖货效益比较不错
小红书	直播带货、知识付费、商业种草	纯商业种草平台，商业属性极其强悍
视频号	广告变现、电商变现、知识付费变现、私域变现、直播打赏变现	私域属性非常强势，同时有概率打造强IP人设
西瓜视频	广告分成、直播打赏、商品橱窗	流量相对可观
B站	创作激励、充电计划、直播打赏、直播带货	单价高，有粉丝基础后的流量变现相对容易

续表

平台	变现模式	描述
好看视频	广告分成、创作激励、商业合作	背靠百度平台，流量高、单价高
爱优腾	广告分成及其他更高规格的商业合作	爱奇艺、优酷、腾讯三家主流媒体平台，观众认可度高
其他平台	流量/商业	其他平台的流量普遍偏低，单价普遍偏低，商业变现的难度普遍偏高